中国科学院科普专项资助

刘 锐 著

生命的修复与增强

THE RESTORATION AND ENHANCEMENT OF LIFE

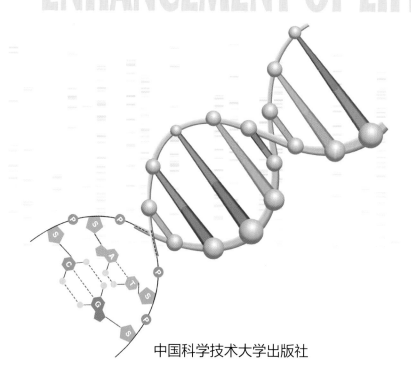

中国科学技术大学出版社

内 容 简 介

本书介绍了器官移植的研究现状和发展前景。随着科技的发展，以加工活性材料、重建人体组织和器官为目标的新型再生工程技术逐步进入应用阶段。同时，人体的智能装备与组织增强也层出不穷。本书包含神奇的斑马鱼、再生的秘密、修复与增强的生物材料、"百变星君"干细胞、选择性生长与靶向治疗、3D 打印人体器官、智能装备与组织增强等 7 个部分，由浅入深、循序渐进地讲述了人体机能在新型生物工程技术支持下的发展，描绘了人类充满活力的生命图景。

本书适合青少年阅读。

图书在版编目（CIP）数据

生命的修复与增强 / 刘锐著 . — 合肥：中国科学技术大学出版社，2023.9

ISBN 978–7–312–05792–2

Ⅰ . 生… Ⅱ . 刘… Ⅲ . 有机体—再生—青少年读物 Ⅳ . Q418–49

中国国家版本馆 CIP 数据核字 (2023) 第 184112 号

生命的修复与增强

SHENGMING DE XIUFU YU ZENGQIANG

出版	中国科学技术大学出版社 安徽省合肥市金寨路 96 号，230026 http://press.ustc.edu.cn https://zgkxjsdxcbs.tmall.com
印刷	合肥宏基印刷有限公司
发行	中国科学技术大学出版社
开本	880 mm × 1230 mm 1/32
印张	2.5
字数	58 千
版次	2023 年 9 月第 1 版
印次	2023 年 9 月第 1 次印刷
定价	40.00 元

前言

随着科学技术的飞速发展，我们掌握的知识越来越多，从而得以不断深入地认识自己。与此同时，我们也发现，人类对世界的认知如同一个圆，知道的越多，这个圆越大，圆外的未知世界也就随之更加广阔，这让我们深深地感到人类自身的渺小！

有些人推断，未来的人类会进化成各种模样。例如，只有一只眼睛，手脚退化，脑袋硕大，等等。但可以肯定的是，在可预见的几千年内，人类的模样不会有太大的变化。其中的道理很简单，有文字记载的数千年来，人类的骨骼、外观和脑容量等并没有发生多少变化。这也就反过来说明，在未来很长一段时间内，人类的外观不会有太大的变化，只不过人体的部分机能可能会有的变强、有的变弱而已。例如，伴随着智能手机的普及，人的大拇指会比以前更加灵活和发达。

人类的发展与科技进步息息相关，两者的关系也是我们关心的一个焦点问题。科技的进步不断地改变着我们的生活，也在不知不觉地改变着我们自身。人类未来会"走"向何方？这依然是一个未知数。将来的某一天，也许人体的器官和组织可以在体外培养，可以随需、随时地任意更换；也许人类会迁移到其他的宜居星球……

在人类追求发展进步的过程中，很多人认为我们能够主宰自然，成为自己的"造物主"。然而，无数的事实告诉我们，这是非常荒诞愚蠢的念头！大自然是神奇的，随着科技的不断进步，我们越发地认识到生命是多么不可思议，是多么值得敬畏！人类必须对生命怀有一颗敬畏之心，了解她、呵护她，才能在未来的发展中不断取得成功。

目录

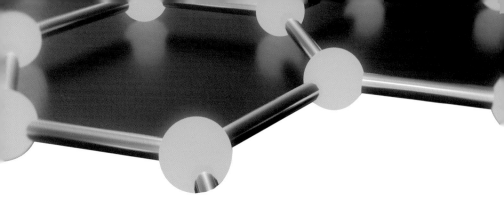

生命的修复与增强

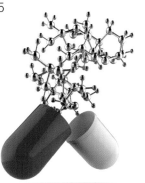

第 **1** 讲

神奇的斑马鱼

① 斑马鱼的秘密

　　斑马鱼是一种常见的热带鱼，全身布满深蓝色的纵纹，类似斑马，所以被称为"斑马鱼"（图 1.1）。它的体型纤细，成鱼体长 3 ~ 4 厘米。幼鱼孵出后约 3 个月便能达到性成熟，成熟的斑马鱼每隔几天就可以产卵一次。斑马鱼的卵在体外受精，在体外发育，胚胎发育速度很快，发育过程中整个胚胎透明，发育的适宜温度在 25 ~ 31℃，对水质要求不高。

　　斑马鱼具有繁殖能力强、体外受精和发育容易、性成熟周期短、个体小易养殖等特点，可以进行大规模的正向基因饱和突变与筛选。因此，

▶ 图 1.1　斑马鱼

　　　　　　　　　　　　　　　　　　　　生命的修复与增强

其成为功能基因组时代生命科学研究中重要的模式动物之一。

目前，斑马鱼细胞标记技术、组织移植技术、突变技术、单倍体育种技术、转基因技术、基因活性抑制技术等均已较为成熟。此外，斑马鱼有一项其他物种无法比拟的优点，即拥有数以千计的斑马鱼胚胎突变体，这是研究胚胎发育分子机制的优良资源，部分突变体还可以作为研究人类疾病的模型。

② 神奇的自我修复

斑马鱼是一种神奇的动物，说它神奇，并不是因为它的外观或它的繁殖能力，而是因为它有一项人类梦寐以求的超能力——身体损伤的自我修复。

简单来说，斑马鱼在身体出现损伤或缺失时，会启动自身的修复机制，完成再生过程，最终恢复到受损前的形态与功能。那么这项神奇的本领能否为人类所用呢？

斑马鱼和人类有着高达 87% 的基因相似度，这让科学家对深层次的研究产生了兴趣（图 1.2）。如此多的相似基因，是否意味着人体也同样具有损伤再修复的潜力呢？斑马鱼的肢体再生能力成为科学家重要的研究对象。

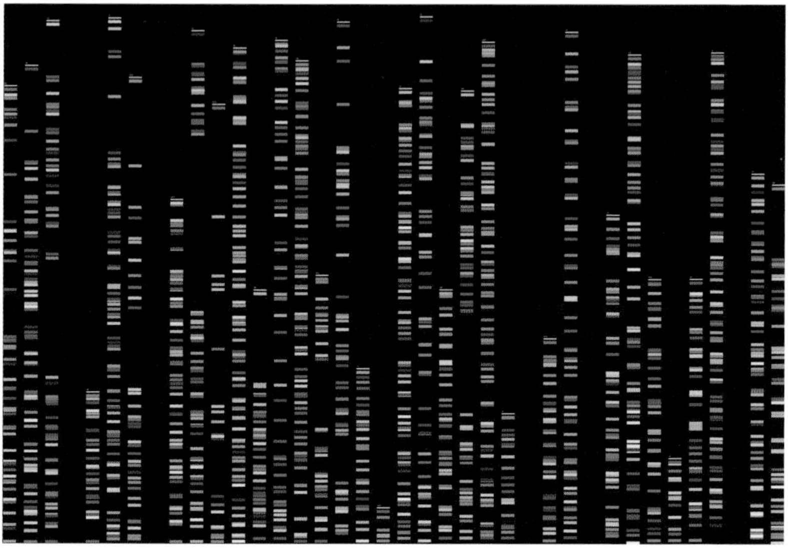

▶ 图 1.2　基因组分析可视化

　　美国萨克生物研究所的研究人员经过长期研究，揭开了斑马鱼肢体再生的奥秘：斑马鱼的鱼鳍被切除后，其体内一种叫作"demeth-ylases"的酶便会发挥作用，解码鱼鳍的发育基因，让它从休眠中苏醒过来，激发鱼鳍再生。换句话说，在正常状态下，这种酶是没有活性的，一旦身体受到损伤，这种酶就会被激活，开始执行受损组织的修复任务。

　　其实，很多生物都具有这种神奇的再生能力，如扁虫、海星（图1.3）、火蝾螈（图 1.4）等，在特殊情况下，它们身体中缺失的部分仍能够重新生长出来。

　　　　　　　　　　　　　　　　　　　　　　　生命的修复与增强

▶ 图 1.3　海星　　　　　　　　　　　　▶ 图 1.4　火蝾螈

❸ 人体脊髓的研究

　　人体中是否存在与"demethylases"类似的酶呢？人体中的绝大多数重要组织和器官在受损后，为什么不能重新生长或修复呢？

　　人类的脊柱具有支持躯干、保护内脏、保护脊髓和协助运动的功能（图 1.5）。脊柱内部自上而下有一条纵行的脊管，内有脊髓，脊髓是人体中枢神经系统的重要组成部分，控制着整个人体的中枢神经系统。脊髓一旦受到损伤，就会对人体产生巨大的危害。病人轻则偏瘫（图 1.6），重则致死。脊髓在受损后不会再次生长，如果能实现受损脊髓再生，那么肯定会给众多病人带来福音。

科学家研究发现，脊髓一旦受损，脊髓的神经系统外围就会生成一层厚厚的疤痕组织，阻止新的神经再生，于是受损组织便不能再次生长，这就是脊髓损伤不可修复的最主要原因。

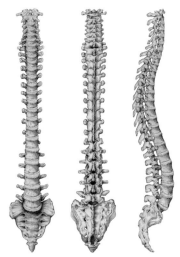
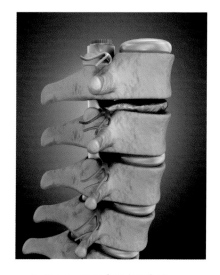

▓ 图 1.5　人类的脊柱　　　　　　　▓ 图 1.6　腰间盘突出示意图

如果除掉这些疤痕组织，那么新的神经系统能否再生呢？2009年，美国科学家分离出一种可以消除这种疤痕的酶，其主要功能就是溶解这些疤痕组织，以便让新的脊髓组织得以生长。这一方法看上去很简单，但实际操作却难度极高。首先，需要控制受损组织，让其不受免疫系统的干扰；其次，要抑制疤痕组织再生；最后，要让神经系统恢复功能。

不论结果如何，这项研究都释放出一个重要的信号——人类是具备自我修复潜力的！

　　　　　　　　　　　　　　　　　　　　　生命的修复与增强

④ 模式生物

斑马鱼是研究人体修复能力的一种重要的模式生物。那么什么是模式生物呢？科学家通过研究某些具有特殊优点的生物物种，来揭示某种具有普遍规律的生命现象，这样的物种被称作"模式生物"。例如遗传学家孟德尔采用的实验对象——豌豆（图1.7）、遗传学家摩尔根采用的实验对象——果蝇（图1.8）、微生物学家经常选用的实验对象——大肠杆菌……

⊪图 1.7　豌豆　　　　　　　　⊪图 1.8　果蝇

⑤ 休眠的基因

斑马鱼已经成为人类研究器官再生的重要对象，对它的研究让科学家们相信，人体中也存在着可以促进器官再生的基因，只是受进化过程中种种因素的影响，这些基因被彻底封存，再也不能被唤醒。

在人体受损时充分表达，在人体健康状态下保持沉默，实现这类基因的可控表达是一项重要的研究课题。人类的"生命天书"由约 30 亿个碱基组成（图 1.9），目前仍有 97% 的基因功能未被知晓，其中会不会就包含了控制组织再生的基因呢？人类在漫长的进化过程中学会了很多新技能，同时也付出了很多代价，如肺活量减小、体力减弱、呼吸方式改变……但是，这种修复受损器官的功能为何会丢失呢？目前尚不可知。

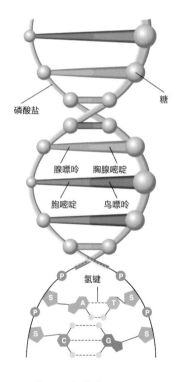

图 1.9　人类的 DNA

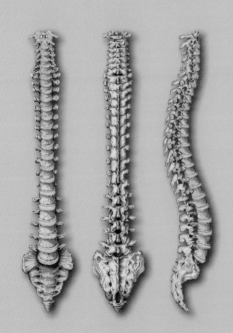

第**2**讲

再生的秘密

人的皮肤（图2.1）破裂后，仍然可以再生；人的头发、指甲修剪后，也能够继续生长。但是，其他的一些组织，如心脏（图2.2）、脾脏、神经等失去后便不能再生，其中有什么奥秘呢？

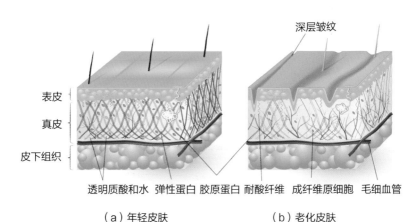

| 表皮 |
| 真皮 |
| 皮下组织 |

深层皱纹

透明质酸和水　弹性蛋白　胶原蛋白　耐酸纤维　成纤维原细胞　毛细血管

（a）年轻皮肤　　　　　（b）老化皮肤

图 2.1　人体皮肤

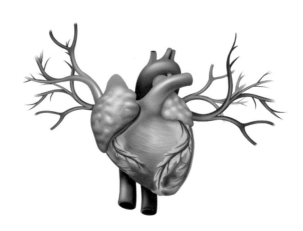

图 2.2　心脏

生命的修复与增强

1 唯一可以再生的脏器——肝脏

肝脏参与人体的糖、蛋白质、脂肪等的合成与分解、转化与运输、储存与释放。肝脏能处理人体代谢过程中产生的有害废物，以及从体外摄入的毒素、药物的分解产物，这种作用被称为"解毒功能"。肝脏还具有分泌和代谢胆汁等功能。

在人体的内部器官中，肝脏是一种与众不同的器官（图 2.3）：它既是唯一一种可以再生的脏器，也是唯一一种没有痛感神经的脏器。

各种媒体上时常会有这样的报道：为了挽救亲人的生命，他毅然地捐出了自己的部分肝脏或者一个肾脏（图 2.4）。那么被切除的肝脏或肾脏能够再长出来吗？

这里可以明确地告诉大家，在目前情况下，肾脏被切除后是不能生长出来的。但是，肝脏不一样，它即使被切除掉一半，也可以生长完整。肝脏再生时，相应与细胞周期相关的

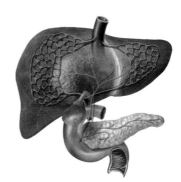

▶ 图 2.3　肝脏

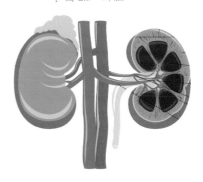

▶ 图 2.4　肾脏

基因各自表达，通过细胞因子依赖或非细胞因子依赖两种方式进行。这种再生必须是可控的，因为肝脏不能无限制增长，其大小要控制在一定的范围内。人体内的激活素等抗增长因子就起到这样的平衡作用。

此外，肝脏是一个没有任何痛感神经的器官，所以无论人怎么劳累，它都会坚持工作，这就是肝脏疾病容易被人们忽视的根本原因。

② 断肢再植

有些人因为意外事故，导致四肢（包括手指和脚趾）断离。此时应及时就医，一旦贻误最佳的接治时间，就会导致断肢坏死，造成不可逆的肢体损伤。目前，临床上可以做到的是将有条件的断肢再植（图2.5），却无法做到断肢再生。

这说明我们的四肢是"一次性"的，在发生损伤或者出现断裂后便无法再长出新的肢体。

断肢再植术经过长期发展，已经从简单的

▶ 图 2.5 断肢再植

生命的修复与增强

断指、断肢再植发展到足趾移植与拇指再造，肢体再植在显微水平上更是到达了登峰造极的地步。然而即便如此，却依旧无法实现断肢再生。

从已有的科研成果推断，人体是具有再生潜力的。如何找出这些关键的细胞并诱导它们产生新的肢体，无疑是科学家们关注的一个重要的研究方向。

③ 特别的心脏

在人体器官中，心脏也是一个极其独特的器官。一方面，心脏是人体的发动机，将新鲜血液输送至全身；另一方面，人体的很多器官都会癌变，但是你一定从未听过"心脏癌"，这是为什么呢？

构成心脏的心肌细胞是一种特别的长寿细胞，当人尚处在胚胎发育阶段时，心肌细胞便已经定型（图2.6）。心肌细胞没有继续增殖分化

▶ 图 2.6　心脏与心肌细胞示意图

的能力，在人的一生中，它们不再生长和繁殖，即使后天遭遇损伤，也只能通过结缔组织的增殖来进行相应的修补。

心肌细胞没有再生能力，不能进行细胞核内的 DNA 复制合成，所以不会出现细胞疯长的情况，这就让癌细胞丧失了存活的前提。因此，心脏永远不会癌变。

2009 年，华盛顿大学的研究人员发明了一项新技术，他们把脉管细胞的干细胞和来自干细胞的心肌细胞混合在一起，这种心脏组织补片形成了血管网（图 2.7），能够维持心脏组织补片的存活，并且可以自行获取营养，如果把这种组织补片植入老鼠体内，新的血管网和现有的血管能够成功地连接在一起。

2014 年，美国和澳大利亚的科学家利用人类干细胞，在动物实验中成功地修复了猴子的受损心脏，实现了心肌再生。

2015 年，以美国华盛顿大学健康指标和评估研究所格雷戈里·罗斯（Gregory Roth）为首的研究人员，对来自 188 个国家的疾病统计数据进行了评估。研究结果表明，在 1990 年，全球约有 1230 万人死于心脏病；到 2013 年，这一数字已增长至 1730 万，增加约 40%。因此，通过科技手段实现心肌细胞再生，可以治疗心脏疾病，造福全人类。这一系列实验有效地推动了相关技术的发展，希望能够早日进入临床试验阶段。

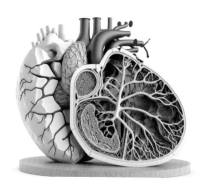

▶ 图 2.7 心脏上的血管网

生命的修复与增强

④ 组织再生

对于人类和其他哺乳动物来说，其很多的组织不具备再生能力，但是这并不能排除它们具备再生潜力。未来，哪些组织有望实现再生呢？

首先是心脏，华盛顿大学研究人员的实验研究提供了一种重要的实验方法，这为心脏细胞的再生提供了新的思路。

其次是肺（图2.8），肺的再生主要依赖于干细胞，通过实验把人类干细胞转变成肺上皮细胞，从而实现自我更新，不断增殖、分化，发挥修复功能，进而恢复肺功能。这一培育已经顺利通过了临床研究。

最后是脊髓（图2.9），科研人员已经通过实验发现了可以消除疤痕组织的生物酶，通过将阻碍再生的疤痕组织消融来达到脊髓再生的目的。

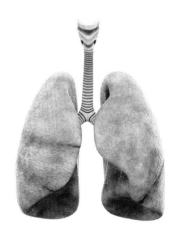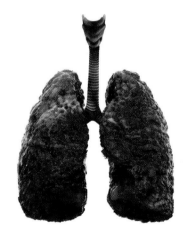

图 2.8 肺

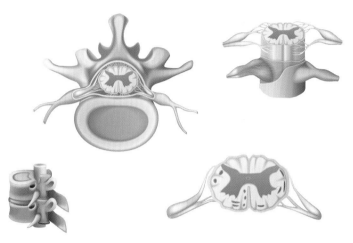

▶ 图 2.9　人体脊椎与脊髓

　　除上述三种组织外，我们还希望实现人类的四肢再生。虽然这一目标还处在理论研究阶段，但是随着科技的持续发展，不排除未来实现这一目标的可能性。

⑤　动物修补匠

　　我国人口众多，存在大量需要器官移植的病人。他们在病痛中苦苦等待着合适的供体，以替换自身的病变器官。可现实情况是，不仅供体难求，还需要供体和病人成功配型，且不发生免疫排斥反应。

以眼角膜移植为例，我国有 200 多万患者需要移植眼角膜（图 2.10），但是每年大概只有 6000 位不到的捐献者。如果我们能够实现眼角膜再生，那么这一问题就会迎刃而解。退而次之，若我们能够实现眼角膜的体外培养，则也能满足这部分患者的需求。

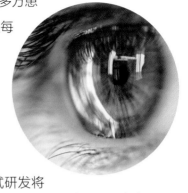

▶ 图 2.10　眼角膜

目前，一部分科研人员正在尝试研发将动物器官作为供体，即通过一系列标准的化学处理和生物处理，使动物组织具有人体组织的属性，然后再将其植入人体。这一方法可以诱发人体组织的再生功能，并且不会产生相应的免疫排斥反应。目前，以动物组织作为供体运用得最为成熟的产品是心脏瓣膜（图 2.11）。

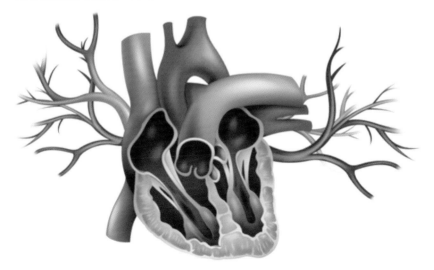

▶ 图 2.11　心脏瓣膜横切图

猪（图 2.12）是提供各种移植供体的首选动物。与其他动物相比，猪有着无可比拟的优势。首先，猪的生长周期较短、商品化程度高，可以方便地进行移植操作；其次，猪的解剖结构和人类相似，体形差距也不大，所以培育出来的器官不会有太大的差别；最后，猪的生理指标和人类大致相同，如猪的血型抗原与人类基本一致。

▶ 图 2.12　猪

科研人员将人体干细胞注入猪的胚胎中，使猪的身体内长出人体需要的器官。如果干细胞来自患者，还能大致消除免疫排斥的风险。此外，这一方法还能够定制生产，可以有效地增加供体数量。对于久经病痛的患者而言，这无疑是一条重大的利好消息！

生命的修复与增强

修复与增强的
生物材料

修复受损的器官需要有合适的材料。人体是一个特殊的精密组织，拥有强大的免疫系统，如果修复器官的材料不是来源于自身，那么就容易被免疫系统识别并当作异源物，从而产生免疫排斥反应，最后在免疫细胞的不断攻击下丧失功能。

① 生物玻璃软骨

2016 年 5 月，英国科学家开发出一种新型的生物玻璃材料，不同于普通的门窗玻璃，生物玻璃的主要成分是二氧化硅和聚己内酯，是一种与人体软骨组织具有相似性质的材料，具有优良的柔韧性、耐久性和可塑性，因此能够用作人造软骨。

常规材料若不通过手术去除的话，则会在关节内留下永久痕迹。而这种生物玻璃材料可以完全降解，在被正常的人体组织替代后，会消失得无影无踪。科学家把生物玻璃材质的小型支架植入膝关节中，它可以发挥出软骨的作用，伴随着自身肌体的痊愈，这种生物玻璃会逐渐地消失，病人无需进行二次手术。此外，这种生物玻璃材料在植入人体后，还可以刺激和促进软骨组织再生，加速患者痊愈。

② 生物陶瓷螺丝钉

对于四肢骨折患者（图 3.1），多数医院都是用金属螺丝钉和钢板来进行接骨治疗的。待骨骼长齐之后，病人还要接受二次去除手术。由于长时间滞留在人体内，螺丝钉时常会与骨组织长到一起，很难去除。这会大大地增加手术风险和患者痛苦，那么有没有更好的解决办法呢？

2016 年 11 月，德国科学家研制出一种生物陶瓷螺丝钉，这种新材料主要由磷酸钙或羟基磷灰石组成，与人体骨骼的

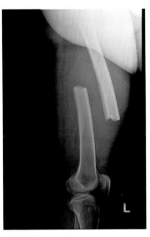

图 3.1　断肢的骨头错位

成分基本一致，可以完全替代目前惯用的金属部件。

生物陶瓷螺丝钉具备以下优点：一是可长入骨中，无需移除；二是可避免因聚合物降解而引发炎症；三是不会在骨内形成空腔，骨骼变得更加牢固；四是与骨骼融为一体，强化了骨骼结构。目前这项技术已经逐步应用于临床。

此外，与传统的医用螺丝钉不同，这种生物陶瓷螺丝钉不是被拧进骨头里，而是被小心地锤入。这不仅减少了对病人肌腱和骨骼的伤害，还缩短了病人的麻醉时间。

③ 石墨烯打造智能服装

实现人体增强，研发智能服装无疑是一条重要的途径。对于智能服装来说，智能化的问题好解决，但是柔性化的问题却始终是横亘在科研人员面前的一大难题。实现智能化势必增加智能芯片等电子元件，那么就会降低服装的灵活性。

2016 年，英国剑桥大学石墨烯研究中心和我国江南大学的科学家合作研发出一种含有石墨烯的导电织物，成功地解决了智能服装的柔性化问题。科研人员通过化学方法改变石墨烯的内部结构（图 3.2），开发出与棉织物极其相似的石墨烯絮片。这种絮片强度高，在洗衣机中转动 500 圈后仍能保持结构不变。

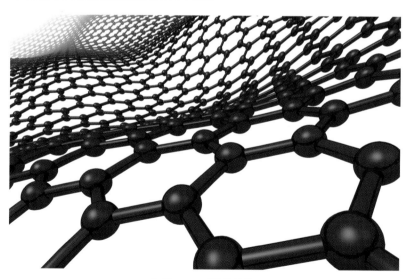

▶ 图 3.2　石墨烯结构

生命的修复与增强

科学家随后对这些石墨烯絮片进行改装，加入压力传感器和心率传感器，以采集人体的心率、血氧指数等指标，并使这些指标在手机等设备上显示出来。

④ 钛合金生物材料

在生物材料的研发过程中，除了纯生物材料之外，我们能否寻找到能与生物材料相容的合金？就像美国科幻大片里的钢铁侠一样，拥有一套超能力的合金外衣（图3.3）。

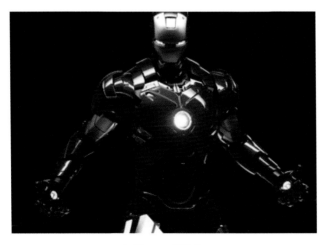

▶ 图 3.3　钢铁侠

2017 年，乌克兰科学家成功研发出一种全新的钛基（Ti-Si-Nb）生物相容性合金（图 3.4），这种新材料受力时不易变形，与骨材料的相容性好，且钛合金材料中的元素对人体无毒性，甚至在一定程度上还对人体有益。这一材料的生物力学相容性比目前广泛用于医药领域的金属材料的性能高 5% ～ 20%。

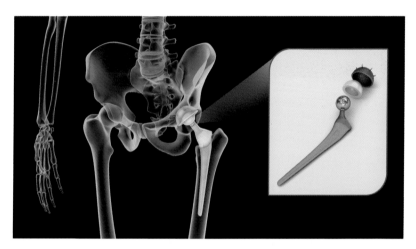

⊪ 图 3.4　生物合金

这种钛基合金一旦投入量产，就可以用来为个人定制服装，在保证穿戴舒适性的基础上，提供一定的微量元素，提升人体机能。一方面穿戴上这种钛基合金服装可以不断补充人体的微量元素，另一方面可以提升人体的机械操作能力。

生命的修复与增强

⑤ 生物合成材料

人体软组织中的皮下组织在伤口愈合的过程中会形成疤痕，甚至会出现功能丧失等问题。

2011年，美国科学家研发出一种新型的生物合成材料，无需大型手术，只需要在皮下注入这些可以永久取代人体软组织的光激活移植物，就可以在微创条件下实现对创伤或者病变组织的损伤修复（图3.5）。

▷ 图 3.5 皮下注射

通过调整材料组分的比例，我们可以使其具备与环境相适应的机械特性。该材料适用于脂肪、肌肉以及皮肤等各种部位，从而让医生能够依据需要提供定制化的移植治疗。

目前，这一技术还有一些问题亟待解决。在人体实验中，部分患者出现了热感和痛感，在注射点周边区域引发了较轻微的炎症。

⑥ 防弹皮肤

2011 年，荷兰的研究人员通过蜘蛛丝（图 3.6）与人体皮肤细胞混合生长制造出一种刀枪不入的"防弹皮肤"。这项技术不但能够修

▶ 图 3.6　蜘蛛丝

复受损的皮肤，还可以增强皮肤的保护功能。这种皮肤比凯夫拉防弹材料的强度高3倍以上，可以抵御22毫米口径步枪子弹的冲击。因此，这项技术具有很高的军事价值。

这项技术也具有很大的医疗应用潜力，除培育皮肤细胞外，科学家下一步将研究它能否培育出更多的人体组织细胞，如可再生骨、软骨、肌腱、韧带等。

❼ 走出"拆东墙补西墙"的困局

在目前的人体组织修复手术中，为了避免免疫排斥反应，很多时候是从患者自身其他部位的健康肌体中获取供体，然后移植到相应部位的。例如，在修复韧带的手术中，一个标准的人体韧带重建需要从其他部位找出3根健康的肌腱，再将它们重新组合后形成新韧带。但是，一旦受损的韧带较多（图3.7），自身就不能提供足够的供体，同时自体移植也很容易引发二次伤害。

那么，如何走出这种"拆东墙补西墙"的困局呢？目前，出现了一种新型的组织诱导性生物材料，即在人体内植入无生命的人工材料，从而调动人体自身修复功能，诱导生命组织器官再生。这一技术既无异物反应，又可实现人体的永久性康复。

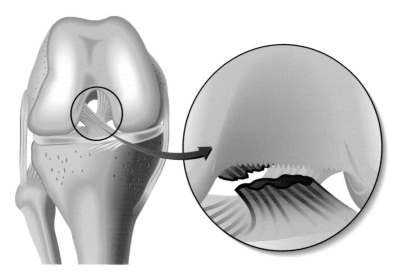

▶ 图 3.7 前交叉韧带断裂

　　2015年，我国科学家研发出世界上第一枚完成临床试验的生物工程角膜。这是一种无生命的全新生物材料，它保留了胶原蛋白的排列顺序，可以引导基质胶原的合成和上皮组织的再生。随着时间延长，胶原纤维的直径与间隙逐渐均一化，慢慢地接近于人体自身的角膜，最终诱导形成与正常角膜类似的结构与功能（图3.8）。

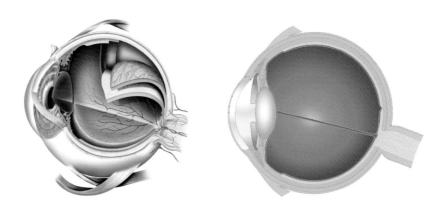

▶ 图 3.8 人类眼球的结构

　　　　　　　　　　　　　　　　　　　　　　生命的修复与增强

"百变星君"
干细胞

人体中存在着各式各样的细胞,这些细胞各司其职,共同协作完成每一项生命活动(图4.1)。其中,干细胞是人体细胞中极为特殊的一类细胞。

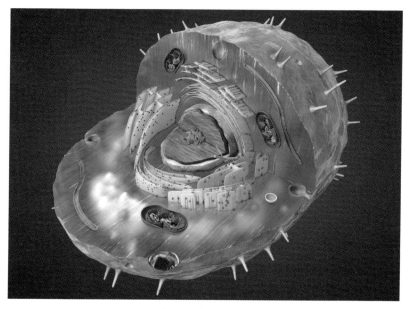

▶ 图 4.1　各司其职的细胞

① 什么是干细胞

　　干细胞是一类拥有着增殖和分化潜能的细胞,这些细胞可以在后期的发育过程中分别转化和成长为各种类型的细胞,所以又被称为"万

　　　　　　　　　　　　　　　　　生命的修复与增强

能细胞"。

干细胞是一种未充分分化、尚不成熟的细胞，具有再生各种组织器官的潜在功能。在一定条件下，干细胞可以分化成多种功能细胞（图4.2）。根据它所处的发育阶段，可分为胚胎干细胞和成体干细胞；根据它的发育潜能，可分为全能干细胞、多能干细胞、单能干细胞（或称专能干细胞）。

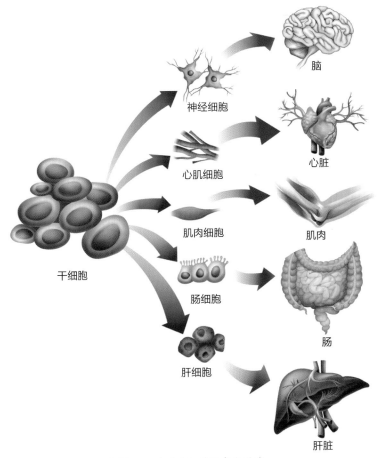

神经细胞　　脑

心肌细胞　　心脏

肌肉细胞　　肌肉

肠细胞　　肠

肝细胞　　肝脏

干细胞

图 4.2　人体干细胞的部分功能

如果把人体看成一座大厦，那么干细胞就是用来建造大厦的一块块砖。在大厦建造前，这些砖可以无差别地用来建造大厦的任意部分，如墙体、楼梯、护栏等。但是，某块砖一旦在水泥或黏合剂的作用下，被用于修建大厦后，这块砖的位置就被固定了，便不能用于其他地方的建造了。干细胞也是这样，它在分化成具体的器官或组织细胞后，便会丧失分化潜力，被彻底地固化下来。

然而，这一过程是否可逆？即让已经成型的干细胞恢复到之前的未分化状态，这仍有待科学家们进一步的研究和探索。毫无疑问，此项研究一旦成功将具有极其重大的意义和价值！

② 万能的干细胞

从宏观上看，人类的胚胎就相当于一个万能的细胞，可以逐步生长发育成人体的各个器官（图 4.3）。因此各国的生物学家都在致力于培育一种干细胞，这种干细胞可以按照人类的意愿进行定向发育，成长为我们所需要的特定器官。这样就可以方便地替换那些因各种因素而受损失能的人体器官。此外，这些干细胞来自患者自身，所以能够有效地避免免疫排斥反应。

可以说，缺少干细胞是人类组织再生的严重瓶颈。年龄越大，人体的干细胞就越少。有人提出，可以从胎儿或者动物身上提取干细胞，但是这一提议存在很大的争议，所以相关研究停滞不前。也有人认为，人体内存有足够的干细胞，可以完全依赖自身使组织再生，只是目前缺少激发再生功能的合适分子。

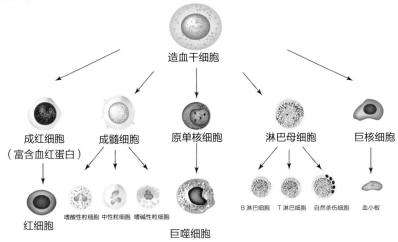

造血干细胞

成红细胞
（富含血红蛋白）

成髓细胞

原单核细胞

淋巴母细胞

巨核细胞

红细胞

嗜酸性粒细胞 中性粒细胞 嗜碱性粒细胞

巨噬细胞

B 淋巴细胞 T 淋巴细胞 自然杀伤细胞

血小板

⫶ 图 4.3 万能的干细胞

如果人类真正地实现体外干细胞培养，能够按照自己的意愿控制干细胞生长，并建造出"器官工厂"，那么就可以有效地解决包括器官移植在内的多项医学难题，如可以利用来自骨髓的干细胞进行骨再生（图 4.4）。对于人类来说，这无疑是个巨大

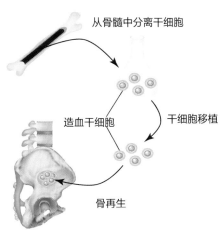

从骨髓中分离干细胞

造血干细胞

干细胞移植

骨再生

⫶ 图 4.4 来自骨髓的干细胞可用于骨再生

的利好消息。但是，需要我们警醒的是，干细胞培养也会带来伦理、道德和科技等方面的多种负面影响。

③ 动物体内的干细胞

鹿茸是雄鹿的鹿角在尚未发育成硬骨之前的嫩角，这些嫩角上长有茸毛，同时内部还有血液流动。鹿茸是一味名贵的中药，当从雄鹿的鹿角上锯下鹿茸后，鹿角还会继续生长出来。鹿茸是唯一能够周期性再生的高级哺乳动物的器官（图4.5）。

鹿茸的生长机制对人类很有启发，作为唯一可再生的哺乳动物的器官，它的再生机理是怎样的？它的再生模式能否在人体复制呢？

经过研究，鹿茸的再生机理被揭示出来。其中的过程相当复杂，涉及鹿茸内部软骨的再生、鹿茸皮肤组织的再生、鹿茸血管的再生等。鹿茸再生源自鹿茸牙基，鹿茸牙基来自角柄骨膜细胞的增殖与分化，这一细胞可以表达多种胚胎干细胞标记物，并在离体的情况下被诱导分化成多种体细胞。我们可以把它看作"鹿茸干细胞"，但是仅有这些干细胞还不行，还要与角柄皮肤细胞合作，才能够再生出鹿茸。

在现代的科学研究中，有一门学科称为"再生医学"，它以实现

生命的修复与增强

人体受损器官或衰竭器官的部分或完全的体内原位再生为目标。鹿茸再生为再生医学提供了最为有效的医学模型。

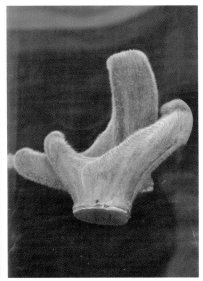

图 4.5 鹿茸

通过对鹿茸的进一步研究，科学家们提出，鹿茸再生是各种活性蛋白因子共同作用的结果。他们用小鼠的断肢伤口的早期再生过程来模拟人体的断肢再生，并与鹿茸的再生过程进行比较，希望从中找出断肢再生差异的关键所在。实验获得了成功，鹿茸早期的再生模式与小鼠断肢的伤口愈合过程是一致的，都伴随着整层皮肤的参与、疤痕的形成、骨膜细胞的快速增殖并分化形成软骨……其中，最大的不同在于骨膜细胞的增殖潜能。小鼠断肢在愈合过程中，新形成的少量软骨密封了断面并快速形成骨组织，随后骨膜细胞就停止增殖，于是便形成不了新的肢体；而在鹿茸的细胞断面上，角柄骨膜细胞分化和分裂持续进行，直至完成整个鹿茸的再生。

问题的症结找到了，接下来就是如何改变小鼠乃至人类骨膜的再生模式，让细胞的分裂与增生在一定范围内持续进行。这一研究意义深远，但也困难重重，期待着小读者们将来投身科研，努力攻克这一难题！

④ 干细胞的应用

干细胞技术经过数十年的发展，在技术体系上不断地获得突破与创新，尤其是诱导性多能干细胞技术的出现，为人体组织的再生与临床疾病的治疗插上了腾飞的翅膀。

目前，干细胞已经被广泛运用于肿瘤治疗和人体器官的移植与再生等领域。此外，干细胞可应用于克隆动物和转基因动物的生产，即以受精卵或者胚胎干细胞为载体，通过注射目的基因，从而培育出携带目的基因的转基因动物；干细胞还可应用于转基因治疗，这项技术主要基于干细胞具有自我扩增和分化的功能，因此导入的外源基因可以有效扩增。另外，干细胞可以在体外进行操作，基因的改造和修饰可以在体外完成筛选后再导入体内，避免了因外源基因插入而导致的细胞失常。

干细胞作为人体细胞，是一种独特的载体，毒性最小。作为生命的最小单元，干细胞是导入人体组织的最佳载体。

干细胞研究并非一帆风顺，各种质疑同样层出不穷。例如，体外培养干细胞时，需要添加动物细胞作为饲养细胞，这一过程很可能会引入外来细胞携带的病毒，存在一定的风险；干细胞还具有一定的致瘤性，在植入受体后可能会发展为肿瘤细胞……这些都是我们不得不去正视的严重问题。

⑤ 特殊的 iPS 细胞

除了胚胎干细胞之外，还有一种重要的细胞叫作 iPS 细胞，这种细胞的全称为诱导性多能干细胞（induced pluripotent stem cells），这是一种通过人工诱导将已分化的动物体细胞重编程，从而获得可进行自我更新且具有多种分化潜能的细胞。

2006 年 8 月，日本的科学家山中伸弥（Shinya Yamanaka）研究团队宣布，通过向小鼠成纤维细胞中引入 4 个特定的转录因子而将其诱导为多能干细胞——iPS 细胞。研究成果成功地发表在 Cell 杂志上，2009 年，我国的科学家通过四倍体囊胚注射获得了 iPS 小鼠，研究成果在 Nature 杂志上发表。

这种细胞的产生革新了人们对发育生物学的认知，在人类疾病病理学研究、药物筛选、细胞移植治疗、组织工程与再生医学等诸多方面具有广阔的应用前景。2012 年的诺贝尔生理学或医学奖就授予了在体细胞编程领域作出重要贡献的约翰·戈登（John Gurdon）和山中伸弥（图 4.6），iPS 细胞的发现被评为 21 世纪十大科技成就之一。

（a）约翰·戈登　　　　　　（b）山中伸弥

▷ 图 4.6　2012 年诺贝尔生理学或医学奖获得者

　　iPS 细胞和胚胎干细胞之间究竟有怎样的差别呢？虽然它们之间存在微小的差异，但是却有实质上的重大区别：分化能力上的差异、遗传水平上的差异、表观遗传水平上的差异。具体来说，首先，这些细胞在 DNA 序列以及染色体结构上存在差异；其次，它们在遗传水平上有很多不同；最后，随着细胞培养时间增加，iPS 细胞可能会引起原癌基因拷贝数增加。

　　　　　　　　　　　　　　　　　　　生命的修复与增强

iPS 细胞在再生医学中有着广泛应用，利用 iPS 细胞构建的遗传性疾病模型，在神经退行性疾病治疗中有着良好的应用，比如特发的帕金森病患者的成纤维细胞可以被诱导为 iPS 细胞。

⑥ 人体再生复原科学

人体再生复原科学是一项涉及整体生命科学的多学科融合的科学。它的主要原理是：在人体组织和器官因故坏死、变异、异常化时，将有再生潜能的细胞诱导成干细胞，让干细胞原位再生复制成新的细胞来补充或取代原有的组织，使人体组织和器官的结构及功能恢复完整。这一理论的核心认为，人体中的每个组织和器官都存在着再生复原的核心因子，但细胞中的这种核心因子需要被再生物质激活才能发挥作用。对于什么是核心因子和再生物质，目前学界还存在着不同的意见和分歧。

如果用简单的一句话来概括人体再生复原科学，那么这句话就是："体细胞被诱导成干细胞，再原位复原生成组织器官"。看似简单的一句话却包含着巨大的科技含量与广阔的应用前景。然而，如何实现这一生长发育的逆过程还存在着很大的争议，这毕竟只是一条设想的理论之路，具体能够走多远，还有待于时间的检验。

目前，人体再生复原科学研究已经取得了一些成果。例如，对于糖尿病溃疡和动脉闭塞性肢体坏死溃疡，已经实现了原位再生复原；体表皮肤疤痕也可以通过体细胞原位诱导形成干细胞，然后再生复原为正常的皮肤。

不妨继续畅想一下，在不久的将来，我们是否可以利用具有再生潜能的细胞来实现在体外定制化培养所需的器官（图4.7）呢？这样既能避免免疫排斥的影响，也能实现各种器官的随时更换，让人类摆脱器官衰老和损伤的困扰。

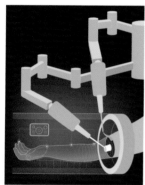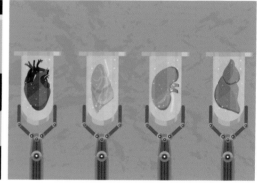

▶ 图 4.7　断肢再植、定制化培养人体器官示意图

生命的修复与增强

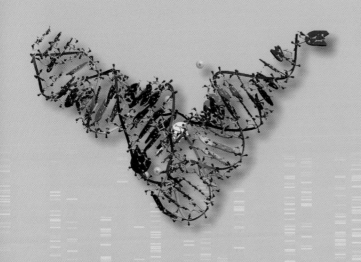

第 **5** 讲

选择性生长
与靶向治疗

选择性生长是指在人类的控制范围内实现指定器官在指定位置的再生，只要我们能做到选择性生长，就能实现修复与增强。然而，当下我们距离这一目标还很遥远。

① 再生的肠道

有不少肠道（图 5.1）疾病的患者曾通过肠道移植来治疗疾病。

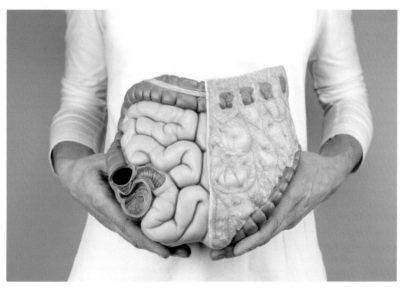

图 5.1 肠道

生命的修复与增强

这种方式有一定的效果，但是存在的问题也十分明显：由于移植的肠道中存在着供体的免疫细胞，这些细胞非常容易受到病人自身免疫系统的攻击，从而使移植的器官失效。

2017 年，哈佛医学院的一个科研团队在实验室里成功培育出了人体小肠，并将小肠移植到了小白鼠的身上。用 iPS 细胞搭建出一个三维的生物支架，当支架被移植到实验小白鼠体内时，它可以把营养物质运输到血液中去。在不产生任何排斥反应的情况下，为病人"按需定制"器官，让其在受体生物上选择性生长。

肠道细胞其实是人体中更新速度最快的细胞，平均一到两天就会更新一次，若肠道细胞有选择性生长的机会，则有助于加快肠道的自我更新速度。

② 靶向治疗

靶向治疗是指在细胞的分子水平上，针对某些特定的治疗位点，尤其是肿瘤内部的蛋白分子等，设计相应的治疗药物，让药物进入目标体内并发生特异性结合，从而发挥治疗作用。整个过程不影响周围的正常组织细胞，我们形象地称靶向治疗为"生物导弹"（图5.2）。

物理靶向治疗早已应用于医学治疗。例如，放射治疗已经有

::: 图 5.2　靶向治疗示意图

100 多年的历史了，之后陆续出现了调强放疗、超声聚焦刀、三维适行放疗等放射治疗技术。随着科技的发展，生物靶向治疗等技术也进入应用。20 世纪 80 年代，科学家发现活化的 NK 细胞对多种肿瘤细胞有杀伤的功效，开启了细胞免疫治疗的靶向技术之路。此外，利用纳米药物载体，如磁性纳米粒（图 5.3）和脂质体等可以将药物定点释放到目标位置，

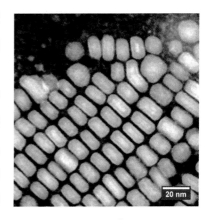

::: 图 5.3　纳米粒子

从而达到最佳的靶向治疗效果。

中国科学技术大学王均教授课题组与美国埃默里大学聂书明教授课题组合作，发明了一种微型"纳米航母"药物递送体系，实现了更加精准有效的抗肿瘤药物递送，这一成果发表于美国国家科学院院刊 *PNAS* 上。

常规的纳米给药系统在靶向作用于肿瘤细胞的过程中存在很多的问题。例如，药物的载体尺寸过小，容易在血液循环中被肾脏过滤，很难达到靶向目标；载体尺寸合适，可以从肿瘤细胞的血管溢出，但是难以达到整个病灶组织。载体尺寸问题被王均教授等专家完美解决，他们发明了一个复合的给药系统，使用一个较大尺寸的纳米载体携带若干小的纳米载体。小的纳米载体上装载药物，在大尺寸纳米载体的协助下进入肿瘤组织，然后将带有药物的小纳米组织释放，成功实现靶向精准给药的目标。

对于靶向治疗的研究还在继续进行，靶向治疗对于生物体进行修复是一种全新的医疗模式，未来的路很长远，但是这一定是人体修复道路上的一个重要的里程碑！

③ 基因治疗

　　基因治疗现在已经不是一个新鲜的概念了，1970年，西奥多·弗里德曼（Theodore Friedmann）和理查德·罗布林（Richard Roblin）在《纽约时报》中首次提到基因治疗（图5.4）。1990年，美国国立卫生研究院的威廉·弗里奇·安德森（William French Anderson）博士实施了第一次真正意义上的基因治疗。当时有一名4岁的小女孩阿善堤·德西尔瓦因缺少腺苷酸脱氨酶而患上了重度联合免疫缺损，免疫系统功能低下，通过基因治疗，患者腺苷酸脱氨酶的产生能力得到显著提升。

▶ 图 5.4　基因治疗示意图

生命的修复与增强

我们都在急切地想知道，这种基因治疗手段能不能运用于器官和组织再生。基因治疗是现代生物技术不断发展的产物，随着时间的推移，基因治疗已经不再仅仅满足于治疗传统的基因缺陷型疾病，科学家们更希望通过外缘基因导入及其有效表达来促进组织的再生与修复。例如，在牙齿的生长过程中，一般到了一定的年龄之后，人的牙齿就不能够再生了，且随着牙齿损坏年龄的低龄化，很多青少年的牙齿也出现了问题。牙齿的健康问题关系到我们的生活质量，因此牙齿的再生问题已经成为口腔再生医学领域亟待解决的问题。牙齿的再生主要包括牙体组织（图5.5）和牙周组织的再生。

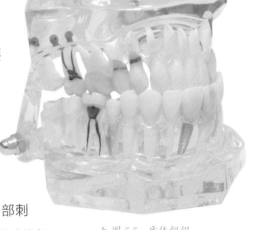

▶ 图 5.5　牙体组织

牙体组织包括牙本质和富含血管、神经的牙髓形成的牙本质－牙髓复合体。复合体在受到外部刺激时，成牙本质细胞可以形成修复性牙本质（图5.6）。基因治疗技术已经开始被应用于牙体组织的再生，在实验中如果我们将基因注射到牙髓暴露的断面上，基因可以与局部的细胞发生整合，使牙体组织的细胞变成一个微型"工厂"，持续分泌生长因子，促进牙髓、牙本质的修复。目前，已经发现了一些相关的生长因子，它们在被基因的质粒转染后可以促进牙本质的修复。

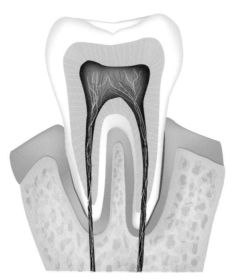
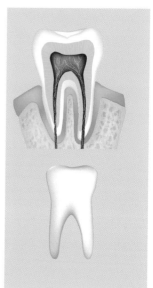

‣ 图 5.6　牙本质

生命的修复与增强

第**6**讲

3D 打印
人体器官

近年来，飞速发展的 3D 打印技术被广泛应用于军事、制造、科研等众多领域。在医疗领域，3D 打印也是一项重要的人体修复技术。

生物 3D 打印是基于"增材制造"的原理，以重建人体组织和器官为目标，以特制的生物"打印机"为手段，以加工活性材料（如细胞、生长因子、生物材料等）为主要内容，跨学科、跨领域的新型再生医学工程技术。生物 3D 打印代表了当今 3D 打印技术的最高水平（图 6.1）。

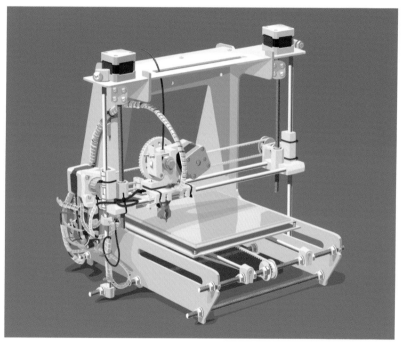

▶ 图 6.1 小型 3D 打印机

生命的修复与增强

① 神奇的 3D 打印

在大家的脑海里，"打印"或许还停留在从打印机里滑出纸张的阶段（图 6.2），那么一个活生生的细胞该如何打印出来呢？

▶ 图 6.2 普通打印机

3D 打印技术自 1995 年发明以来，一直在不断的发展进步中。生物 3D 打印技术的发展可分为四个阶段：第一阶段，使用机器打印一些体外使用的组织，如假肢、假牙等（图 6.3~图 6.5）；第二阶段，打印一些可以放入人体中的组织，如现代医学中常用的下颌骨、软骨组织等；第三阶段，和第二阶段的最大区别在于，植入的材料能够与人体组织发生一些重要的反应，两者能够有效地融合在一起，并且可以促进组织再生，如清华大学的研究人员制造出一种具有分级孔隙的骨头支架，

支架孔隙有利于各种细胞的进入和生长，支架和自身组织最终还能够有机地融合在一起；第四阶段，也是技术水准最高的阶段，使用活的细胞、活的蛋白质和具有活性的生物材料，打印出具有生物活性的组织和器官，从根本上解决器官移植等医疗难题。

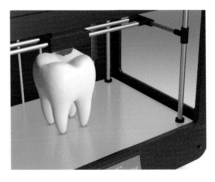

▶ 图 6.3 3D 打印牙齿模型

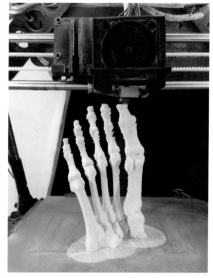

▶ 图 6.4　3D 打印脚骨模型　　　　　▶ 图 6.5　3D 打印手指模型

　　第四阶段又称"细胞打印阶段"或者"器官打印阶段"，细胞能用来打印是不是觉得不可思议？它们会不会死亡？用什么样的设备来打印呢？

　　3D 打印机与日常使用的打印机是不同的（图 6.6）。3D 打印是一种增材制造技术，将各种粉末状的金属、塑料或活性生物材料等按照计算机预设好的数字模型打印出来。3D 打印对计算机建模软件有很大的依赖性。计算机上的立体数字模型，在水平方向上被一层层"剖开"，形成一个个"切片"，3D 打印机按照计算机发出的"切片"参数，逐层打印，最后形成 3D 模型。

　　2000 年，美国克莱姆森大学的托马斯·布兰德（Thomas Boland）教授率先提出了细胞打印的概念，于 2003 年首次成功地发明了这一技术，并取得专利。这一技术突破了传统组织工程技术空间分

　　　　　　　　　　　　　　　　生命的修复与增强

▶ 图 6.6 3D 打印机

辨率低的局限性，可精确控制细胞的分布。

　　简单来说，在细胞打印过程中，细胞（或细胞聚集体）与溶胶（水凝胶的前驱体）被同时置于打印机的喷头中，按照图形软件处理后的结果，由计算机控制含细胞液滴的沉积位置，打印机在指定的位置逐点打印，在打印完一层的基础上继续打印另一层，层层叠加直至形成三维多细胞／凝胶体系。

❷ 3D 打印的细胞为什么不会死

　　大家是否会有这样的疑问：活细胞在打印之后会不会死亡？最后成型的组织还有活性吗？

　　科研人员首先研究了物理因素对活细胞的影响，通过大量重复实验，找到了适合细胞打印的最佳参数和条件。因此，机械对细胞的正常生长基本上没有影响。活细胞不会在储存、喷涂等物理过程中死亡、失活或降低活性。

　　早期，3D 打印采用的是传统打印机的喷墨技术，即通过加热器将墨滴中的水加热到 200 ℃，使水在汽化后将前面的墨滴喷射出去（图6.7）。

　　正常人体温度在 37 ℃左右，人体细胞在 200 ℃的高温下肯定不能存活，那么生物打印技术是如何实现的呢？其实，喷墨打印的过程只有 20 微秒[①]，时间极其短暂，在热量还没来得及传递到细胞时，材料细胞就被喷了出去，细胞的存活率超过 90%（图6.8）。

▶ 图 6.7　微型 3D 打印机

---

① 　1秒 =1000000 微秒。

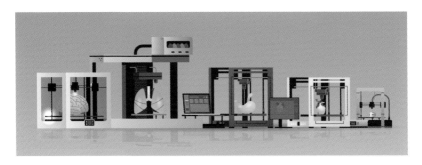

╞► 图 6.8   生物 3D 打印示意图

3 "人体墨水"

2015 年，德国科研人员成功地研制出可以打印人体组织的"人体墨水"，这可不是普通的墨水，而是一种特殊的明胶。这种明胶是从蛋白质中提取出来的，可以用来构成人体组织的水溶性蛋白。

这些提取出来的水溶性蛋白经过一定的化学处理后，可成为"人体墨水"。通过控制前期的处理过程，明胶会具有不同的强度和膨胀特性，令其既可用于制作柔软的脂肪组织，也可用于制作较为坚固的软骨组织。

除流动性外，"人体墨水"在紫外线照射下会发生分子间的交叉融合，形成水凝胶。因为水凝胶在分子交联时锁住了大量的水分，所以制成品与实际的人体组织的各种特性都比较类似。

尽管如此，这一技术依旧存在一项致命缺陷。因为没有丰富的毛细血管，所以打印出来的人体组织不能从血液中获取营养，不能够独立生长、存活。目前，"人体墨水"打印技术还未能实现同步打印血管网，一旦攻克这一难题，3D 打印的组织就可以实现养分的自给自足。

④ 打印肾脏近端小管

近端小管是肾脏对葡萄糖、氨基酸、蛋白质和离子等进行重吸收的重要场所。2016年，哈佛大学詹妮弗·路易斯（Jennifer Lewis）教授的实验室利用 3D 打印技术，成功制造出人体肾脏的近端小管（图6.9）。它的功能几乎与健康肾脏中的近端小管完全一致。它可用来从体外帮助肾功能受损的患者，以及在药物研发中测试新药毒性，这一成果使人类向获得可移植的人工肾脏迈出了重要一步。

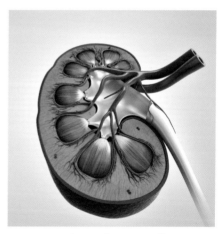

▶ 图 6.9 肾脏近端小管

生命的修复与增强

⑤ 打印人耳

2016 年，美国维克森林大学的科研人员宣布，他们开发出的一种生物 3D 打印机已经打印出部分人体组织，并且这些组织具备了获取营养和氧气的能力。

为了证实这些打印出来的器官可以在人体内存活并发挥相应的生理功能，科研人员把打印出来的人耳移植到小鼠身上，在存活了 2 个多月后，打印人耳内的血管和软骨组织逐渐成形，并且肌肉也达到了足够的强度，可以支撑血管和神经的生成。实验表明，这种打印出来的器官可以应用于临床。

⑥ 跳出固有的思维定式

我们会习惯性地认为，3D 打印出的器官必须和原先的器官一模一样，无论是功能还是外观都要完全相符。我们能否换一种新思路，即以满足实际功能为目标，在外观上可以退而求其次，不再纠结于外观上的完全一致？我们可以探寻一些既方便制造、成本低廉，又能保证 3D 打印的器官具有相应生理功能的方案。例如，在打印肾脏时，首先进行功能上的模拟，打印出肾单位，然后再将肾单位有机整合成肾实体，其形状可以是正方形、长方形或不规则形状，待相当数量的肾单位联合在一起时，再用血管将它们串联起来。简单来说，就是忽视形状，注重功能与实效。

目前，3D 打印的器官依旧面临两个问题：一是没有进行人体实验，能否取代人体器官并发挥实际作用尚不可知；二是打印的器官相对简单，能否打印出心脏、肝脏等复杂的有生物活性的器官，还有待进一步探索。

智能装备
与组织增强

生物的自然进化是漫长的，人体的自身能力也是有限的，实现人体自身能力的自我跨越的难度是相当大的。但是，依靠人类的强大智慧，我们完全可以另辟蹊径，综合利用生物、机械、信息、电子等技术对人体或组织进行强化，使人体的综合机能得到大幅提升。

套用一句时髦语言：如果我们原先的身体是常规的 1.0 版本，那么经过智能装备和组织增强"修饰"过的身体就是 2.0 版本，甚至是 3.0 版本。霍金（1942 年 1 月 8 日—2018 年 3 月 14 日）的轮椅就具备人体监测功能、自动跟踪功能、辅助交流功能等多项"超能力"，从而帮助霍金完成日常的各项活动（图 7.1）。

人类已经迈入人工智能与增强的新时代。例如，风靡全球的电影《谍影重重 4》就体现了人体组织增强的魅力，主人公艾伦·克劳斯（图 7.2）在服用蓝色小药丸后，可以轻松地跳越高山和峡谷。2011 年，解放军军事科学医学院在建院 60 周年成果展上展示了一种名为"夜鹰"的蓝色药丸，它可以让人保持 72 小时不困倦，且能够维持正常的思维和体能。

▶ 图 7.1　霍金的轮椅　　　　▶ 图 7.2　《谍影重重 4》海报

　　　　　　　　　　　　　　　生命的修复与增强

① 什么是人体增强

人体增强属于比较前沿的研究领域，学界对人体增强的理解仍存在分歧，目前尚未有统一的定义。

一般认为，人体增强是指综合利用生物、化学、信息、机械等领域的研究成果，将其应用于人类身体，使人的体力与脑力得到改进与提升的前沿技术。例如，人体增强让人拥有更强的体力和耐力、更高的思维决策力、更好的团队合作能力等。美国国家科学基金会对人体增强的解释是："任何暂时性或永久性突破人类目前身体极限的尝试，使用的手段可以是自然的也可以是人工的。"

人体增强包括"增加"与"加强"两个方面。"增加"是指在人类现有功能与能力的基础上，新增一些原先没有的功能；"加强"是指在人类原有的基本功能或能力的基础上，不断提升能力。人体增强主要包括认知、生理、情感、心理等方面，涉及人的外貌、体形、行为、寿命以及人格的改变。人体增强具有功能的逾越性、前提的预设性和工具的植入性等特征。人体增强装置主要包括机械外骨骼、脑机接口（图7.3）、视网膜植入、听觉增强装置以及提高智力的神经药物等。

2012年11月，英国皇家学会、英国皇家科学院等4家机构联合发布了名为《人体增强与未来工作》的报告，指出人体增强技术将在未来彻底改变人类的工作与生活方式。报告关注的人体增强领域主要为认知增强与生理增强两大类，包括使用认知增强药物改善记忆力和

▶ 图 7.3 脑机接口示意图

注意力，使用助听器和视网膜植入物改善感知觉，使用仿生肢体恢复运动能力，通过转基因技术更换眼部光感器，通过组织工程与再生医学改造器官，以及认知训练、大脑刺激、营养增强、化妆增强等技术。

人体增强可以极大地改善人类的生活质量，彻底颠覆人类的工作和生活方式。未来人类有可能选择一些科学手段让自己变得更加聪明、健康、强壮。人体增强技术在军事上也有广阔的应用前景，通过神经药物、外骨骼、生物芯片植入等方式，"超能战士""不用睡觉的士兵""不用进食的士兵""更聪明的士兵"和"千里眼、顺风耳士兵"即将走向战场。此外，通过植入电子芯片可以扩展大脑功能，储存和提取大量新信息，帮助人们增强学习新语言或掌握新工作的能力；通过生物纳米技术可以提高人类感觉器官的敏感性；通过改变基

生命的修复与增强

因结构可以实现"设计婴儿"等（图
7.4）。但这些正在开发的技术的
可行性、实践应用性和相关伦理
问题已经引起了各界学者的质疑、
争论。

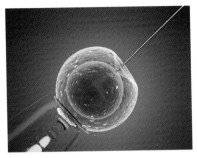

▶ 图 7.4　基因工程中的细胞疗法

　　随着科学技术的发展，人类
不再仅仅满足于适应自然或者改造
自然，而是把改造的对象从外在的客观环境转向了人类自身，从原先
对外部自然的改造转移到对人类自身的干预与完善，开始了"人体增
强革命"。任何技术都具有两面性，政府和科学界必须对这类技术进
行慎重、理性的把握，在加强人体增强技术研究、开发和应用，充分
利用人类增强技术价值的同时，能够前瞻性地预测其潜在的社会、政治、
经济和道德伦理风险，最大限度地降低负面影响。

② 视网膜与植入设备

　　在全球范围内，有着数以亿计的眼疾患者，要让他们重见光明，
目前的办法是通过特殊的维生素来进行治疗，但效果有限。色素性视
网膜炎和老年性黄斑病变是最常见的两种眼科疾病，患者的视网膜细

胞会逐渐坏死（图7.5），最终导致失明。

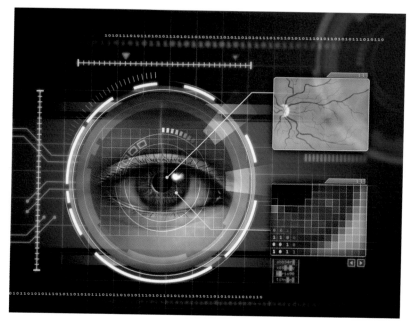

▶ 图 7.5 视网膜扫描

　　德国图宾根大学的科学家曾开发出一种微型芯片，可以让失明者重现光明。这种芯片直径约3毫米，由1500个像素点构成，每个像素都有自己的放大器和电极。这种光敏微芯片需要外部供电，当将芯片植入到患者的视网膜下方时，能使病变的视网膜重新将光信号转化为电信号，从而令患者重见光明！

　　很过国家都在研究不同的眼内植入技术。英国科学家利用胚胎干细胞培养出视网膜感光细胞，将这些细胞成功地植入失明小鼠的视网膜后，在小鼠的眼睛和大脑之间形成了完全的神经联系。加拿大科学家研制出一种仿生镜片，这一镜片虽然不能让失明的人恢复视力，但可以使视力有问题的人恢复到最佳视力水平……

生命的修复与增强

③ 可穿戴的外骨骼

外骨骼技术起源于 20 世纪 60 年代的美国，主要用途分为民用和军用两个方面。民用方面主要用来辅助老年人和残疾人，让他们能够独立完成各项日常活动；军用方面主要用于增强士兵的负重和越野能力，提升作战能力。

外骨骼可以看作为一种人和机器紧密结合的系统。外骨骼技术涉及机械、电子、计算机、传感器等多个学科领域，是多项高科技的综合体现。外骨骼可以给操作者提供保护和额外的动力与能力，使得操作者能够完成过去不可能完成的任务，实现自身机能的强化。

可穿戴的外骨骼（图 7.6）目前仍存在两项有待攻克的难题：一是非常笨重，不利于穿戴和携带；二是在柔韧性等方面还没有达到预

▶ 图 7.6 外骨骼

期水平。科研人员不断地尝试采用轻质材料来制造外骨骼，在保证强度的基础上，最大限度地发挥材料的效能，目前，较广泛使用的有航空铝材、碳纤维材料、钛合金材料等。科研人员还在想方设法地对外骨骼材料进行柔性化处理，使其能够灵活地改变造型，以便与人体的运动保持协调一致。

2010年，美国雷神公司推出了最新版Sarcos XOS2外骨骼系统，它由一系列结构、传感器、执行机构和控制器组成，利用高压液压驱动。XOS2外骨骼系统堪称真实版"钢铁侠战衣"，人穿上这套机械装，可以完成上千次俯卧撑，轻而易举地举起90千克的物体，单手劈开7.62厘米厚的木板。

此外，可穿戴的设备也可以弥补视觉的不足。通过佩戴各种夜视眼镜、智能眼镜来接收更加清晰的视觉影像，提供更加广阔的视觉范围，实现对环境的更好感知。

④ 脑力增强

江苏卫视的王牌节目《最强大脑》各位小读者一定不陌生（图7.7），拥有超强脑力的选手同台竞技，他们的才能让人羡慕，他们的智商更令人折服。那么能否实现脑力的增强呢？

生命的修复与增强

其实，在人体组织的增强中，脑力的增强才是人类的终极目标，身体组织的能力增强只是外在，如果能实现脑力的增强，那么就能从本质上提升人类的能力。

多巴胺是一种神经传导物质，用来帮助细胞传送脉冲信号（图7.8）。这一脑内分泌物和人的情欲、感觉有关，它传递兴奋及开心的信息。另外，多巴胺也与各种上瘾行为有关。瑞典科学家阿尔维德·卡尔森（Arvid Carlsson）由于发现多巴胺这种重要的神经递质，在 2000 年荣获诺贝尔生理学或医学奖。合理利用多巴胺增强人类的脑力，可以帮助人类获得超凡的记忆能力。

▶ 图 7.7 《最强大脑》　　　　　　▶ 图 7.8 多巴胺

2017 年，《柳叶刀》杂志发表一项科研成果。为了帮助一名瘫痪 8 年的男子恢复活动能力，医生将两个微型芯片植入他的大脑，以收集控制手部活动区域的神经元发出的信号。这些信号通过外部电缆传递到一台计算机上，后者再向他的手臂和手部肌肉上的电极发送指令。在利用虚拟现实技术进行多次练习之后，病人可以用吸管喝咖啡，还可以自己用叉子吃土豆泥、通心粉和奶酪。

大脑的能力开发还在不断摸索与实验中，大脑的潜力是极其巨大的。有资料说，普通人的大脑只开发了 10%，即便是爱因斯坦也不到 20%。因此，对于脑力的增强人类仍有很长的一段路要走，道路虽然曲折漫长，但是前景无限光明！

⑤　基因改造

自 1953 年美国科学家沃森（J. D. Waston）和克里克（F. H. C. Crick）提出 DNA 双螺旋结构以来，分子生物学成为生物学的生长点与研究前沿（图 7.9）。目前，基因水平上的操纵已经不再是梦想。

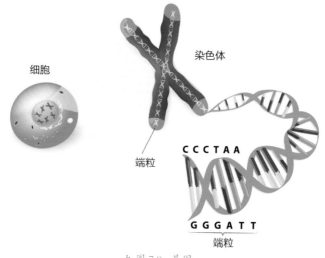

▷ 图 7.9　基因

生命的修复与增强

近年来，上映了很多有关基因改造方面的科幻电影，如《苍蝇》《绿巨人》《蜘蛛侠》《X 战警》……影片中的主人公们由于种种原因发生了基因变异，进而获得了超能力。

这些影片中的情节并非是空穴来风，人类已经从基因的角度开始对某些疾病展开研究，通过将外源正常基因导入靶细胞来补偿和纠正基因缺陷和异常。

最先迈出这一步的是美国圣巴纳巴斯医学中心生殖医学科学研究所的科学家，他们在治疗不育妇女时，对遗传给下一代的人类基因进行修改，创造了世界上第一个转基因婴儿（图 7.10）。

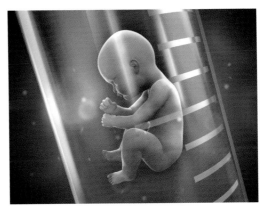

▶ 图 7.10　转基因婴儿示意图

这一研究有悖于正常的道德伦理，因为修改基因后的婴儿其实含有两位母亲和一位父亲的基因，所以这项研究随后被终止。基因改造的过程中会出现很多人为"设计"的婴儿，而这很可能会超出我们的掌控范围，甚至带来很多无法预测的变异后果，如产生更有智慧的人种。因此，这一蕴含极大风险的基因改造项目很难得到各国政府的认可。

通过生物技术改造人类的门槛已经越来越低，在 1990 年，一次全套的基因检测需花费 30 亿美元；到了 2014 年，同样的检测只需要 1000 美元（图 7.11）。

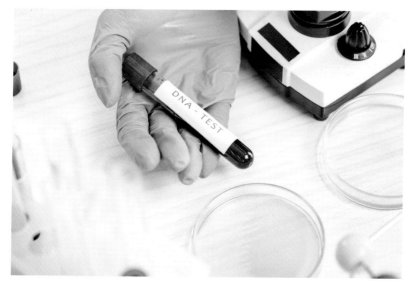

図 7.11　人类基因检测示意图

6　药物增强

有些药物可以增强我们的记忆力，
有些药物可以缓解老年痴呆症（图
7.12）……但是那些提供给健康人
的药片，在达到研究目的之外，更
会引发社会上广泛的恐慌情绪，如
是否会带来不平等竞争？是否会给使

图 7.12　药物增强示意图

生命的修复与增强

用者带来负面效应？研究证明，不同种类、不同剂量的兴奋剂都会对人的身心产生不同程度的危害，如导致内分泌失调，女性男性化，伤肝伤肾，甚至引起癌症或者猝死⋯⋯

⑦ 潘多拉魔盒

在人体增强过程中，我们势必会遇到对人体的部分器官或组织进行改变的情况，如植入芯片或修改基因。那么从伦理学的角度上看，我们就不再是原先的"自然人"了。此时，我们该如何界定我们和原先的自己、家人、朋友之间的关系呢？

这还只是诸多影响中的一个方面，更为严重的是，这种情况一旦失去控制，如果改造后的人出现了某些方面的变异，成为一个新的物种，那么人类会不会像电影《机械公敌》的剧情那样，被机器奴役或取代呢？

在军事领域，人体增强很可能会违反和推翻现有的国际法律和条约。"被增强"的士兵是人还是"武器"？如何在法律条约框架下对其进行监管和约束呢？⋯⋯这些都是迫在眉睫的现实问题。

通过机械、药物或芯片等辅助，人类未来一定能够实现自我增强，但是"福兮祸所伏"，这是否会开启潘多拉魔盒（图7.13），释放出引发灾难的魔鬼呢？这是需要我们慎重思考的重大问题。

‣ 图 7.13　潘多拉魔盒

　　　　　　　　　　　　　　　　　生命的修复与增强